はじめに

社会保障と税との一体改革として、消費税及び地方消費税(以下、「消費税等」)の税率は令和元年10月に8%から10%に引き上げられ、同時に軽減税率制度が実施されました。

これら一連の消費税制度改革の集大成として、令和5年10月1日から複数税率に対応した消費税の仕入税額控除の方法として、「適格請求書等保存方式(以下、「インボイス制度」)が導入されます。

これにより、登録を受けた課税事業者が交付する適格請求書等の保存が仕入税額控除の適用をうけるための要件となります。

このインボイス制度がJAに与えるインパクトは、軽減税率制度の導入をはるかに上回るものと想定されます。JAとしてインボイス制度を正しく理解し、その運用方法を仕入元の組合員や販売先の小売り・外食業者等と事前に取り決めておくことが肝要となります。

本書では、現行の請求書記載内容や関連業務の運用などJAの取引に係る影響や課題を明らかにし、実務の上で、混乱なくインボイス制度に対応するためのポイントを解説いたします。

JN089372

目　次

1 消費税の基本的な仕組み

1. 消費税の申告・計算方法の確認

消費税とは、商品・製品の販売やサービスの提供などの取引に対して広く公平に課される税です。最終的に商品等を消費又はサービスの提供を受ける消費者が負担し、事業者が納付する仕組みです。

○**「消費税課税事業者選択届出書」**※**を提出**し、課税事業者を選択するとともに、

○**課税事業者となる課税期間の初日の前日から起算して1月前の日までに登録申請手続**を行う必要があります。

※原則として、課税事業者選択届出書を提出した課税期間の翌課税期間から、課税事業者となります。

【例】個人事業者や12月決算の法人が、課税事業者となる課税期間の初日である令和6年1月1日から登録を受ける場合

⇒消費税課税事業者選択届出書を提出するとともに、登録申請手続きを令和5年11月30日までに行う。

※課税事業者となる課税期間の初日（令和6年1月1日）の前日（令和5年12月31日）から起算して1月前の日

消費税の負担と納付の流れ

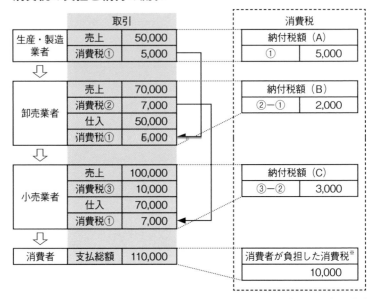

※各事業者が個別に納付した消費税（A＋B＋C）の合計
出典：（『適格請求書等保存方式の概要』 国税庁）

2. 仕入税額控除

　事業者は、大きく分けて消費税の申告の必要ない「免税事業者」と消費税の申告の必要のある「課税事業者」に分けられます。また、「課税事業者」の計算・申告方法については「本則課税」と「簡易課税」の2つの方法があります。

　「本則課税」の計算方法は、「課税売上に係る消費税額」から、「課税仕入れに係る消費税額」を差し引いて納税額を計算します。この引き算を「仕入税額控除」といいます。

本則課税の計算方法

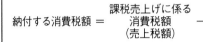

納付する消費税額 ＝ 課税売上げに係る消費税額（売上税額） － 課税仕入れ等に係る消費税額（仕入税額）

⬇

仕入税額控除

簡易課税の計算方法

納付する消費税額 ＝ 課税売上げに係る消費税額（売上税額） － 課税売上げに係る消費税額（売上税額） × 80%※

※みなし仕入率
　農業水産業（食用）：第2種事業　80%　農業水産業（非食用）：第3種事業　70%

　「簡易課税」の計算方法は、「課税売上に係る消費税額」だけを把握し、そこに業種別の「みなし仕入れ率」を乗じた額を「課税売上に係る消費税額」から引き算します。

2　インボイス制度の概要

1. インボイス制度とは

　「インボイス制度」とは、複数税率下において適正な課税を確保する観点から導入される仕入税額控除の方式（適格請求書等保存方式）をいいます。

インボイス制度が始まると、売り手側（課税事業者に限ります）から適格請求書の交付を求められたときには、適格請求書等（以下、「インボイス」）を交付する義務があります。また、交付したインボイスを保存しておく必要もあります。

買い手側は、原則としてインボイスまたは適格簡易請求書（以下、「簡易インボイス」）の保存が、仕入税額控除の要件となり、免税事業者から仕入れた場合には、仕入税額控除ができなくなります。

2. インボイスとは

インボイスとは、「売り手が買い手に対し正確な適用税率や消費税額等を伝えるための手段」であり、請求書・納品書・領収書・レシート等の名称を問わず、一定の情報が記載された書類をいいます。また、手書きであっても必要な事項が記載されていればインボイスに該当します。

3. 事業者登録申請が必要

インボイスを発行するためには、適格請求書等発行事業者になる必要があります。適格請求書等発行事業者の登録を受けようとする事業者は、納税地を所轄する税務署に登録申請書の提出が必要です。

免税事業者が制度適用前に登録を受ける場合には、原則として「消費税課税事業者選択届出書」（簡易課税制度を適用する

場合には「消費税簡易課税制度選択届出書」）を提出したうえで登録申請をする必要があります。

【令和5年度税制改正大綱※】

令和5年度税制改正大綱において登録申請手続きの柔軟化が図られました。インボイス制度開始日である令和5年10月1日から直接請求書等発行事業者になる場合、従来申請は令和5年3月31日までに提出しなければなりませんでした。しかし特に困難な事情がなくても令和5年4月以降9月30日までの登録申請が可能とされています。

※令和4年12月23日公表の令和5年度税制改正の大綱の資料に基づいて作成しております。諸条件により本資料の内容と異なる取り扱いがなされる場合がありますのでご留意下さい。

4. 仕入税額控除の要件

インボイス制度における仕入税額控除の要件は以下のように変更されます。

仕入税額控除の要件

	令和5年9月30日まで 【区分記載請求書等 保存方式】	令和5年10月1日以降 【適格請求書等保存方式】 （いわゆるインボイス制度）
帳　簿	一定の事項が記載された帳簿の保存	同左
請求書等	区分記載請求書等の保存	適格請求書（いわゆるインボイス）等の保存

ここが変わります

出典：（『適格請求書等保存方式の概要』 国税庁）

【令和5年度税制改正大綱】

　少額な返還インボイスの交付義務の見直しが行われました。インボイス制度の移行に伴いインボイスの交付義務とともに、値引き等を行った際にも原則として値引き等の金額や消費税額等を記載した返品伝票といった書類（返還インボイス）の交付義務が課せられることになります。しかし、実務上の事務負担を軽減する観点から少額な値引き（1万円未満）については返還インボイスの交付は不要とされました。

5. 免税事業者の注意点

（1）免税事業者からの課税仕入れに係る経過措置

　制度開始後6年間は、免税事業者等からの課税仕入れでも仕入税額相当額の一定割合を仕入税額とみなして控除できる経過措置が設けられています。

　経過措置を適用できる期間等は、次のとおりです。

経過措置期間	割　合
令和5年10月1日から令和8年9月30日まで	仕入税額相当額の80%
令和8年10月1日から令和11年9月30日まで	仕入税額相当額の50%

　なお、この経過措置の適用を受けるためには、免税事業者等から受領する区分記載請求書等と同様の事項が記載された請求書等の保存と、経過措置の適用を受ける課税仕入れである旨の記載がある帳簿の保存が必要です。

（2）免税事業者の登録申請手続き等

　免税事業者が適格請求書等発行事業者の登録を受けるためには、課税事業者を選択する必要があります。

個人事業者や12月決算の法人が、令和5年10月1日から登録を受ける場合

令和4年12月期		免税事業者
	登録申請手続きの期限 （原則として令和5年3月31日）	免税事業者
令和5年12月期	登録日（令和5年10月1日）	適格請求書発行 事業者 （課税事業者）
令和6年12月期	登録日以降は課税事業者となるため、消費税の申告が必要	適格請求書発行 事業者 （課税事業者）

出典：（『適格請求書等保存方式の概要』 国税庁）

（3）免税事業者の登録手続に関する経過措置

　インボイス制度適用開始後の令和5年10月1日以後に登録を受ける場合には、課税事業者の選択届出書を提出しなくても、適格請求書等発行事業者の登録申請を行えば適格請求書等発行事業者登録簿に登載された日（登録日）より課税事業者となることが可能です。この場合、消費税課税事業者選択届出書の提出は必要ありません。

【令和５年度税制改正大綱】

　令和5年度税制改正大綱では、円滑な制度移行に備えて、以下の2つの経過措置が新たに追加されています。

　①小規模事業者に対する納税額の軽減措置

　　令和５年10月１日から令和８年９月30日までの日の属する各課税期間において、免税事業者が適格請求書発行事業者となり事業者免税点制度の適用を受けられないこととなる場合には、消費税の納付税額は当該課税標準額に対する消費税額の２割とすることができる。

　②中小・小規模事業者に対する少額取引の負担軽減措置

　　基準期間における課税売上高が１億円以下又は特定期間における課税売上高が5,000万円以下である事業者が、令和５年10月１日から令和11年9月30日までの間の課税仕入れについて、１万円未満の場合にはインボイスの保存要件は不要。

6. インボイス制度の例外

（1）交付方法の特例 媒介者特例（委託販売等における特例）

　業務を委託する事業者が、媒介者を介して行う取引の場合、委託者・媒介者双方が適格請求書等発行事業者である場合には、委託者に代わって媒介者が自己の氏名・登録番号を記載した適格請求書を発行することができます。(P22参照)

（2）インボイスの交付義務が免除される取引

　一部の取引は、事業の性質上インボイスを交付することが困難なため、インボイスの交付義務が例外として免除されています。インボイスの交付義務が免除される取引は以下のようなものがあります。

①生産者が農協、漁協または森林組合等に委託して行う農林水産物の譲渡（無条件委託方式、かつ、共同計算方式により生産者を特定せずに行うものに限る）(P25参照)

②出荷者が卸売市場において行う生鮮食品等の譲渡（出荷者から委託を受けた受託者が卸売の業務として行うものに限る）(P26参照)

③郵便切手を対価とする郵便サービス（郵便ポストに差し出されたものに限る）

④自動販売機・自動サービス機により行われる課税資産の譲渡等（3万円未満に限る）

⑤公共交通機関である船舶、バス、または鉄道による旅客の運賃（3万円未満に限る）

現行制度とインボイス制度の比較

	項　目	現行制度 (区分記載請求書等保存方式)	インボイス制度
請求書等の発行（売手側）	請求書等の 記載事項	1. 請求書作成者の名前 2. 取引年月日 3. 取引の内容 4. 取引金額 5. 相手方の名前 6. 軽減税率適用の 　対象品目である旨 7. 税率ごとの取引金額	左記、1〜7に加えて 8. 登録番号 9. 適用税率 10.税率ごとに区分した 　消費税額等
	請求書等の 発行義務	なし	あり
	請求書等の 写しの保存義務	なし	あり
	免税事業者の 発行	可能	適格請求書の発行は 不可
	虚偽の交付への 罰則	なし	あり
買手側	仕入税額控除の 要件	帳簿および 区分記載請求書の保存	帳簿および インボイス等の保存
	3万円未満の 仕入れ	保存義務なし	原則保存義務あり
	免税事業者から の仕入れ	仕入税額控除可能	仕入税額控除不可 (経過措置あり)
その他	納付税額の 計算	1.割戻し計算 2.積上げ計算(経過措置)	1.積上げ計算 2.割戻し計算

出典：(『消費税インボイス制度の実務対応』　ＴＫＣ出版)

3 インボイスの記載事項・記載の留意点

1. インボイスの記載事項

●適格請求書の記載事項

現行の区分記載請求書の記載事項に、下線の項目が追加されます。

①適格請求書等発行事業者の氏名又は名称及び<u>登録番号</u>
②取引年月日
③取引内容（軽減税率の対象品目である旨）
④税率ごとに区分して合計した対価の額（税抜き又は税込み）及び<u>適用税率</u>
⑤<u>税率ごとに区分した消費税額等</u>
⑥書類の交付を受ける事業者の氏名又は名称

請求書

△△商事㈱

㈱○○御中 ←⑥

登録番号　T012345…

11月分　131,200円　　　　　　　↑①　　xx年11月30日

日付	品名	金額
11/1	魚　　＊	5,000円
11/1	豚肉　＊	10,000円
11/2	タオルセット	2,000円
↑②	・・・	
合計	120,000円	消費税　11,200円
8%対象	40,000円	消費税　3,200円
10%対象	80,000円	消費税　8,000円

←③

↑④　　　　　　　　　　　↑⑤　　＊軽減税率対象

出典：（『適格請求書等保存方式の概要』　国税庁）

●適格簡易請求書の記載事項

　不特定多数の者に対して販売等を行う小売業、飲食店業等に係る取引については、適格性収書に代えて、適格簡易請求書を交付することができます。

> ①適格請求書等発行事業者の氏名又は名称及び<u>登録番号</u>
> ②取引年月日
> ③取引内容（軽減税率の対象品目である旨）
> ④税率ごとに区分して合計した対価の額（税抜き又は税込み）
> ⑤<u>税率ごとに区分した消費税額等又は適用税率</u>

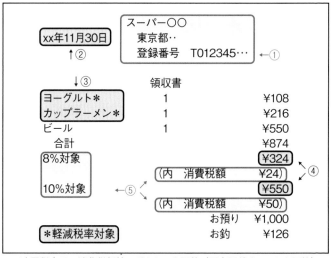

※適用税率又は消費税額等のどちらかを記載（両方記載することも可能）
出典：（『適格請求書等保存方式の概要』　国税庁）

2.「税率ごとに区分した消費税額等」の端数処理

　適格請求書の記載事項である「税率ごとに区分した消費税額等」に１円未満の端数が生じる場合には、一の適格請求書につき、税率ごとに１回の端数処理を行います。端数処理は、「切上げ」「切捨て」「四捨五入」など任意の方法で行うことができます。

●認められる例

請求書					

○○㈱ 御中　　　　　　　　　　　　　　　　　　　　○年11月30日

　　　　　　　　　　　　　　　　　　　　　　　　　　　㈱△△

請求金額（税込）60,197円　　　　　　　　　　　（T123…）

※は軽減税率対象

取引年月日	品名	数量	単価	税抜金額	消費税額
11/2	トマト ※	83	167	13,861	
11/2	ピーマン ※	197	67	13,199	
11/15	花	57	77	4,389	
11/15	肥料	57	417	23,769	
8%対象計				27,060	➡ 2,164
10%対象計				28,158	➡ 2,815

端数処理 ➡

出典：（『適格請求書等保存方式の概要』 国税庁）

●認められない例

3. 取引先コードによる記載

　適格請求書には、「適格請求書等発行事業者の氏名又は名称」及び「登録番号」の記載が必要ですが、①登録番号と紐づけて管理されている取引先コード表などを相手方と共有しており、②買手においても取引先コード表などから登録番号が確認できる場合には、請求書等に取引先コードなどを記載することで、要件である「適格請求書等発行事業者の氏名又は名称」及び「登録番号」の記載があるものとして認められます。

```
                        請求書
                                      △△商事㈱
   ㈱○○御中                    取引先コード C016

   11月分　131,200円                 xx年11月30日
   ┌──────┬──────────┬──────────┐
   │  日付  │    品名    │    金額    │
   ├──────┼──────────┼──────────┤
   │ 11/1  │  魚    ＊  │  5,000円  │
   │ 11/1  │  豚肉   ＊ │ 10,000円  │
   │ 11/2  │ タオルセット │  2,000円  │
   │       │    …     │          │
   ├──────┴──────────┴──────────┤
   │ 合計     120,000円   消費税    11,200円  │
   │ 8%対象    40,000円   消費税     3,200円  │
   │ 10%対象   80,000円   消費税     8,000円  │
   └───────────────────────────┘
                              ＊軽減税率対象
```

出典：(『適格請求書等保存方式の概要』 国税庁)

4 その他の発行方法

1. 仕入明細書等による対応

●仕入明細書等の記載事項

　適格請求書等保存方式においても、買手が作成する一定の事項が記載された仕入明細書等を保存することにより仕入税額控除の適用を受けることができます。

　その場合に記載する登録番号は、課税仕入れの相手方（売手）のものが記載され、課税仕入れの相手方の確認を受けたものに限られる点に留意する必要があります。

　課税仕入れの相手方の確認を受ける方法として、※印のような文言を記載し、相手方の了承を得ることも可能です。

　確認を受ける方法としては、その他にも次のような方法が考えられます。

・書類上に確認済みの署名等をもらう。

・受発注に係るオンラインシステムで確認を受ける機能を設ける。

・電子メールで確認した旨の返信を受ける。

---

①仕入明細書等の作成者の氏名又は名称
②課税仕入れの相手方の氏名又は名称及び登録番号
③課税仕入れを行った年月日
④課税仕入れの内容（軽減税率の対象品目である旨）
⑤税率ごとに区分して合計した課税仕入れに係る支払対価の額及び適用税率
⑥税率ごとに区分した消費税額等

仕入明細書

≪4月分≫   ○年○月○日

●●㈱　御中   ←─②

登録番号：T12345…

↓※

○送付後一定期間内に連絡がない場合確認済とします

支払金額合計　229,000円

月	日	取引	仕入金額（税抜）	
4	1	食品※	8%	2,000
	1	日用品	10%	600
	3	食品※	8%	5,900
	4	日用品	10%	30,000
		…		

合計	仕入金額	消費税額等
8%対象	100,000円	8,000円
10%対象	110,000円	11,000円

⑤→

※印は軽減税率対象商品

⑥↑

出典：（『適格請求書等保存方式の概要』　国税庁）

2. 複数書類でインボイスの記載事項を満たす場合

　インボイスは、一つの書類のみで記載事項を満たす必要はなく、納品書と請求書など、複数の書類に記載された事項によりインボイスの記載事項を満たすことができます。

　請求書が1枚でも、納品の都度、納品書を交付して複数の納品書がある場合、各納品書に「税率ごとに区分した消費税額等」を記載するため、納品書ごとに、税率ごと1回の端数処理を行うこととなります。請求書のみをインボイスとして利用する場合、請求書においてまとめて端数処理を行うこととなるため、

どちらをインボイスとするかによって、消費税額が変わることになります。

3. 媒介者交付特例

(1) 代理交付

委託販売の場合、購入者に対して課税資産の譲渡等を行っているのは委託者であることから、本来は、委託者が購入者に対してインボイスを交付する必要があります。しかし、受託者が委託者を代理して、委託者のインボイスを購入者に対して発行することも認められます。

(2) 媒介者交付特例の要件

農業直売所など、次の(ア)及び(イ)の要件を満たす場合においては、媒介または取次ぎを行う者（受託者）が、自己の氏名または名称および登録番号を記載したインボイスを、委託者に代わって購入者に交付することができます。

(ア)委託者および受託者が、どちらも適格請求書等発行事業者であること

(イ)委託者が受託者に、自己が適格請求書等発行事業者の登録を受けている旨を取引前までに通知していること（通知の方法としては、個々の取引の都度、事前に登録番号を書面等により通知する方法のほか、基本契約等により委託者の登録番号を記載する方法等があります）

媒介者交付特例の取引図

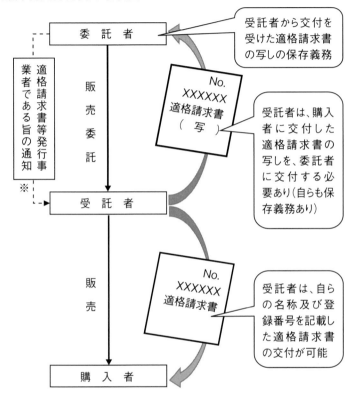

※委託者と受託者の双方が適格請求書等発行事業者である必要があります
出典:(『消費税の仕入税額控除制度における適格請求書等保存方式に関するQ&A』 国税庁)

【受託者が委託者に適格請求書の写しに替えて交付する書類（精算書）の記載例】

①請求書No.により購入者に交付した適格請求書との関連性を明確にしています。

②委託者の売上げのみを記載しています。

③委託者が売上税額の計算に必要な税率ごとの消費税額等の記載をしています。

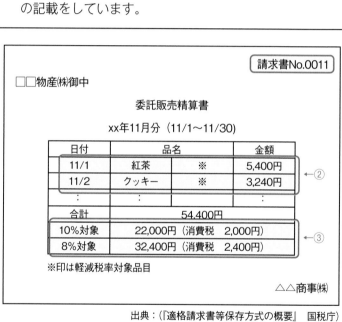

出典：（『適格請求書等保存方式の概要』 国税庁）

4. 農協特例

　組合員が農協等を通じて販売を委託した場合は、農産物等の生産者の特定ができず、課税事業者から出荷された農産物と免税事業者から出荷された農産物の区分が困難であることから特例が講じられました。

　農協法に規定する農業協同組合や農事組合法人と漁協、森林組合及び事業協同組合等（以下、「農協等」）の組合員その他の構成員が、農協等に対して、無条件委託方式かつ共同計算方式により販売を委託した農林水産物の販売は、適格請求書を交付することが困難な取引として、組合員等から購入者に対する適格請求書の交付義務が免除されます。

無条件委託方式

　出荷した農林水産物について、売値、出荷時期、出荷先等の条件を付けずに、その販売を委託すること

共同計算方式

　一定の期間における農林水産物の譲渡に係る対価の額をその農林水産物の種類、品質、等級その他の区分ごとに平均した価格をもって算出した金額を基礎として精算すること

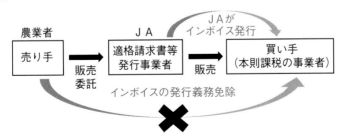

出典：（『消費税インボイス制度導入による農業者への影響について』 ＪＡ新潟中央会）

5. 卸売市場特例

　農協特例と同様の理由により、卸売市場においても特例が講じられました。

　卸売市場法に規定する卸売市場において、同法に規定する卸売業者が卸売の業務として、出荷者から委託を受けて行う生鮮食料品等の販売は、インボイスを交付することが困難な取引として、出荷者から生鮮食料品等を購入した事業者に対するインボイスの交付義務が免除されます。

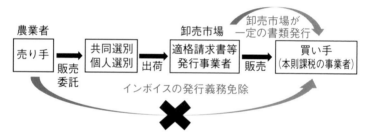

出典:(『消費税インボイス制度導入による農業者への影響について』 ＪＡ新潟中央会)

5 農業者特有の処理について

1. 農産物直売所やインショップを介した販売

　農産物直売所やインショップ（以下、「直売所等」）へ出荷した農産物は、直売所等の店舗レジを通して一般消費者や事業者へ販売されます。直売所等では、農協特例や卸売市場特例が使えません。また直売所等で購入する場合には、店舗で仕入れた商品と農業者が出荷した商品が混在する複雑な取引になります。そのため農産物直売所等は適格請求書等発行事業者とそうではない免税事業者とで区分したレシートを作成するなどの対応が必要になってきます。

　ただし、インボイスを求める本則課税のお客様は限定的であると想定されることから、今まで通り、通常のレシートを発行し、インボイスを求めるお客様がいる場合には、別途インボイスを作成する方法を取ることもアイデアの一つです。

　もう一つの問題点は、本則課税の事業者のお客様が農産物等を購入する場合、商品ラベルで区別されていないと、どの農産物が適格請求書等発行事業者の商品か判断できないことです。そのため、商品ラベルに何らかの印（例えば☆など）を付すなどして、その商品が適格請求書等発行事業者の商品である旨を周知するなどの対応が必要と考えられます。

　農産物直売所等が取ることができる対応としては、次の（1）から（3）が想定されます。農業者は、直売所等がどの方法を採用するかにより影響が異なります。

（1） 媒介者特例方式

　委託者である農業者が、媒介者である直売所等を介して取引を行い、委託者・媒介者の双方が適格請求書等発行事業者である場合には、委託者に代わって媒介者である直売所等が、媒介者の登録番号を記載したインボイスを発行することができます。買い手は直売所等が発行したインボイスにより「仕入税額控除」を行うことができます。

（2） 消化仕入方式

　消化仕入方式とは、レジでお客様が代金支払いをする際に、購入品の中に農業者が出荷した農産物等がある場合は、その農産物を一旦店舗が買い取り、それと同時にお客様に販売する取引形態です。

　これにより、お客様の購入品はすべて店舗が販売した商品としてインボイスを発行できることになります。

　適格請求書等発行事業者でない農業者から出荷された農産物等を店舗が買い取る場合、店舗で仕入税額控除を行うことができません。そのような場合、仕入税額を店舗で負担するケースも想定されますが、負担できないと判断された時には、農業者から消費税額分を減額して買い取るなどの対応をすることも想定されます。

（3） 事業者対応特別方式

　レジでは通常のレシートを発行し、インボイスを求めるお客様には別途インボイスを発行します。

　この別途インボイスを発行した場合だけ、農業者が出荷した農産物等を一旦直売所等が買い取り、それと同時にお客様に販

売します。

この方式の場合、一部のお客様にしかインボイスを発行しないので、すべてのお客様にインボイスを発行する消化仕入方式と比べて、適格請求書等発行事業者でない農業者への影響は限定的です。

2. 農作業の委託

農業経営では、他者に一部の農作業を委託する場合があります。特に、複数の農業者が集まって設立した農業法人では、構成員や地主等の個人へ、草刈り・水管理等の中間管理作業を委託する場合があります。

作業を委託する法人側は、インボイスを必要とする本則課税の事業者である一方、作業を受託する構成員や地主側は適格請求書等発行事業者でない免税事業者である場合が多いと思われます。

この場合、法人側が本則課税と簡易課税のどちらを採用しているかにより影響がわかれます。本則課税を採用している場合には、仕入税額控除が行えず負担が増すことが想定されます。他方、簡易課税を採用している場合には、インボイスの保存は仕入控除の要件ではないため、特に影響はありません。

3. 農業機械・施設等の借り入れ

農業経営では、他社から農業機械や施設を貸りて農作業を行

う場合があります。特に設立初期の農業法人では、自社所有の農業機械や施設をフル装備することは困難であるため、当面の間は構成員や地主等の個人が所有する農業機械や施設を借りる場合があります。

　農業機械や施設を借りる法人側は、インボイスを必要とする本則課税の事業者である一方、農業機械や施設を貸す構成員や地主側は適格請求書等発行事業者になれない免税事業者である場合が多いと思われます。

　この場合、法人側では仕入税額控除が行えず負担が増すことが想定されます。他方、法人側が簡易課税を採用している場合には、特に影響はありません。

4. 任意組合の取引への影響

　農業では、複数の農業者が集って、機械利用組合・転作組合・生産組合などの任意組合として活動する場合があります。

　この場合、法人格のない任意組合が適格請求書等発行事業者としてインボイスを発行するためには、構成員全員が適格請求書等発行事業者で、かつ、業務執行組合員等の代表者が税務署に届出書を提出しなければなりません。

　小規模な農業者を中心に組織している場合、構成員全員が適格請求書等発行事業者になっていることは少ないと思われます。

　そのため、本則課税の事業者に直接農産物等を販売する場合に、消費税分を値下げするなど、取引が不利になる可能性も想定されます。

『JA・農業者のためのインボイス制度対応ガイド』

正誤表

次の頁の下線部分に誤りがございましたので、
正しい表記に置き換えてお読みください。

29 頁　５行目、６行目
（誤）「従**量**分量配当」
（正）「従**事**分量配当」

このような場合、JAに販売委託をすれば「農協特例」や「卸市場特例」により、これまで通りの取引が可能です。

5. 農事組合法人への影響

農事組合法人では、組合員の労務の対価を「給料」ではなく「従量分量配当」で支払う場合があります。「給料」は消費税不課税ですので仕入税額控除できませんが、「従量分量配当」は、消費税の課税仕入れとして、仕入税額控除ができます。

インボイス制度では、法人側が従事分量配当を仕入税額控除するためには、従事分量配当を受け取る組合員が、法人に対してインボイスを交付しなければならなくなります。

組合員の中に適格請求書等発行事業者でない組合員がいる場合、法人は、その組合員へ支払った従事分量配当に係るインボイスを受け取ることができないので、法人の消費税還付の税務メリットが減ることになります。

従事分量配当を受け取った構成員である農業者の立場では、従事分量配当は事業所得（農業所得）の雑収入として課税されます。従事分量配当に対する必要経費は、基本的には発生しないため、受け取った配当全額が課税対象になります。

一方、給与として支給した場合は、受け取った農業者の給与所得となるため、給与所得控除（最低年55万円）を差し引くことができ、所得税・住民税の負担を減らせるメリットがあります。

そもそも農事組合法人のメリットは、労務の対価を従事分量

配当として法人税上損金算入でき、消費税上も控除ができる点ですので、消費税上控除ができない場合には、そのメリットが半減します。そのため、組合員に免税事業者が多くいる場合には、農事組合法人から一般社団法人や株式会社へ組織変更することも選択肢の1つです。

集落営農法人の役員に対する農作業従事の対価の支払い

	支払方法	法人税の取扱い	消費税の取扱い
農事組合法人	従事分量配当	○(損金算入)	○(仕入税額控除[※1])
一般社団法人	給料	○(非課税事業[※2])	×(不課税)
株式会社	給料	△(損金不算入[※3])	×(不課税)

※1 インボイス制度開始後は、免税事業者に支払う従事分量配当は仕入れ税額控除不可
※2 農業は収益事業（34業種限定列挙）に該当しないため法人税非課税
※3 役員の場合、定期同額給与等の損金算入要件あり

農事組合法人のデメリットと株式会社との比較

	農事組合法人	株式会社
事業の制限	農業経営を行う場合、農業及び農業関連事業に限定されます。 このため、以下のような事業は認められません。 ・産業廃棄物の回収・処理 ・レストラン(自ら生産した農産物の加工・販売の一環の小規模なものを除く。) ・民宿 ・除雪作業の受託 ・太陽光発電事業（事業に付随するものを除く）	事業の制限はありませんので、どんな事業も行うことができます。 ただし、農地所有適格法人となるには、その法人の直近3か年の売上高の過半が農業及び農業関連事業であることが条件になります。

	農事組合法人	株式会社
出資者の制限	個人として組合員になれるのは、原則として農民（自ら農業を営むか農業に従事する者）に限られています。例外的に、その農事組合法人から継続してその事業に係る物資の供給や役務の提供を受けている個人、組合員が農民でなくなった場合や組合員が死亡した場合の相続人も組合員になれますが、これらの例外による組合員は総組合員数の1/3までとされています。	出資者に制限はありませんので、誰でも株主になることができます。ただし、農地所有適格法人となるには、農業関係者以外の者の総議決権が2分の1未満であることが条件になります。
常時従事雇用の制限	農業経営を行う農事組合法人については、その事業に常時従事する者の1/3以上は、組合員とその同一世帯の家族でなければなりません。	常時雇用に制限はありませんので、誰でも雇用することができます。
議決権ルール	農協法によって「組合員は、各々一個の議決権を有する」（第72条の14）と定められており、定款などによって変更することができません。このため、経営者層よりもそれ以外の組合員が多くの議決権を持つこととなり、法人の意思決定に影響を及ぼすことになります。	一株一票が原則で株数に応じて議決権を持つことができます。ただし、定款の定めによって無議決権株式などの種類株式を定めることができます。
株式・出資の評価	農事組合法人の出資の評価は、特例的な評価方式は認められず、しかも純資産価額方式のみで、株式会社のように類似業種比準方式との併用は認められていません。このため、農事組合法人において内部留保が大きい場合には評価額が高くなることに注意する必要があります。	株式会社に組織変更すると、出資の評価が純資産方式から類似業種比準方式との併用方式に変わることによって、内部留保の大きい法人では相続税評価額が減少する効果が期待できます。
株式・出資の譲渡	組合員が持分を譲渡する場合、その農事組合法人自身がその持分を組合員から取得することはできず、持分の払戻しをすることになります。この場合にはその出資額が限度となり、一口当たりの純資産価額が出資額を上回っていたとしても出資額を超えて払い戻すことはできません。	当初払込金額を上回る金額で株主から会社が自己株式を取得することができます。

出典：（『農業におけるインボイス制度への対応』（東京税理士協同組合）

6 農業者の今後の対応（Q&A）

Q1 現在、免税事業者です。適格請求書等発行事業者になることは考えていませんが、何か不利益はあるのでしょうか。

A1 インボイス制度のもとでは、買い手は適格請求書等発行事業者以外の事業者との取引においては仕入税額控除ができなくなります。免税事業者のままだと、取引を敬遠されたり、価格等の面で不利になる可能性があります。

　ただし、販売先が消費者のみの場合やJAの委託販売を利用して農協特例の適用を受ける場合等は、インボイスは不要です。

　将来的にどのような販路で農産物を販売したいのか、よく検討したうえで、適格請求書等発行事業者になるかどうかの判断が必要になります。

Q2 農産物直売所等に販売する場合、農産物直売所等が媒介者特例方式、消化仕入方式、事業者対応特別方式のどの方法を採用しているかにより、農業者にどのような影響があるのでしょうか。

A2 農業者が適格請求書等発行事業者である場合には、農産物直売所等がどの方式をとっていたとしても大きな影響はありません。一方、免税事業者などの適格請求書等発行事業者でない場合には、(1)から(3)のような影響があります。

（1）農産物直売所等が媒介者特例方式をとっている場合

　委託者である農業者が適格請求書等発行事業者でない場合に

は、媒介者特例を用いて、受託者側の農産物直売所等の登録番号を付されたインボイスをお客さんに発行することができません。そのため、登録番号を付していない請求書をお客さんに発行することになります。この場合、農業者の精算額には影響はないと予想されます。

（2）農産物直売所等が消化仕入方式をとっている場合

農産物直売所等がお客様に販売する農産物は、一旦農産物直売所等が委託者である農業者から購入し、その後、お客様に販売されることになります。農産物直売所等は仕入税額控除ができなくなる分、農業者にとって精算額が減る可能性が高くなります。

（3）農産物直売所等が事業者対応特別方式をとっている場合

インボイスが必要なお客様にだけ消費仕入方式を適用することになりますので、（2）と同様に農業者にとって精算額が減る可能性があります。ただし、一般の消費者や簡易課税・免税事業者が仕入れる場合には、通常のレシートを発行するだけでよく、課税事業者が仕入れる場合にのみインボイスを発行するため、影響は限定的であると考えられます。

（注1：実務上は上記3パターン以外の商取引の可能性もあります。）
（注2：農業者からの買取価格を安くするか否かはあくまで農産物直売所等の判断になります。）

	販売方式	今後の対応
課税事業者	販売はJAに委託（無条件委託）しており共同計算で精算されている。	将来的に直販する予定がないのであれば登録申請の必要はないとも考えられますが、すでに課税事業者になっているので登録申請をしても実務上大きな影響はありません。
	上記以外	令和3年10月1日から令和5年3月31日の間に登録申請をした方がよいでしょう。

	販売はＪＡに委託（無条件委託）しており共同計算で精算されている。	将来的に直販する予定がないのであれば登録申請の必要性はないと考えられます。
免税事業者	上記以外	販売額が大きい場合は、令和3年10月1日から令和5年3月31日の間に登録申請をすることを検討しましょう。（課税事業者としての申告が必要になります）

出典：（『はじまります！インボイス制度』 ＪＡ全中営農担い手支援部担い手支援課）

Q3 いままで請求書を発行せずに、買い手が仕入明細書を作成していました。インボイス制度になると請求書を発行しないといけないのでしょうか。

A3 インボイス制度になっても買い手による仕入明細書の発行取引に変更はありません。

　ただし、買い手がインボイス制度における仕入税額控除を行うためには、買い手が作成する仕入明細書にインボイスに求められている記載要件を記載するとともに、売り手である農業者に確認を受ける必要があります。

　具体的な要件は、「売手の登録番号及び氏名名称」、「取引年月日・取引内容・税率ごとに区分して合計した対価の額」、「税率ごとに区分した消費税額等及び適用税率」、「作成者である買い手の氏名名称」になります。

　確認を受ける方法としては、直接確認を受けることのほか、基本契約等を締結したうえで、仕入明細書に「送付後一定期間内に誤りのある旨の連絡がない場合は、記載内容のとおり確認があったものとする」といった文言を記載し、相手方の了承を得る方法があります。

付 電子帳簿保存法の改正について

1. デジタル化の現状と今後の動向

　現状では、請求書・領収書に関連する手続き、税・社会保険手続き等における本人確認等に紙・FAXを中心としたアナログ処理が多く存在しています。これらの処理をデジタル化して、中小企業や個人事業主の業務運営の負荷を削減し、効率化をもたらすことになると考えられます。

　そのため、インボイス制度が導入される令和5年10月を見据えて、ビジネスプロセス全体のデジタル化によって、負担軽減を図る観点から、請求書・領収書のデジタル化、キャッシュレス化及び税・社会保険手続きの電子化・自動化の促進を図ることが、令和2年7月17日、閣議決定されました。

　また、令和2年12月25日に閣議決定された「デジタル・ガバメント実行計画」では、事業者のバックオフィス業務の効率化のための請求データ標準化の整備が決定されています。

〔デジタル・ガバメント実行計画〕（一部）抜粋

　事業者間の請求等に関連するプロセスのデジタル化が十分でなく、また、システム間でのデータ連携もスムーズに行えていないことが、中小・小規模事業者をはじめとする企業のバックオフィス業務や、個人事業主などの事務処理に負担となっている。

　そのため、インボイス制度が導入される2023年（令和5年）10月も見据え、ビジネスプロセス全体のデジタル化によって負担軽減を図る観点から、官民連携のもと請求データ等（電子インボイス）やその送受信の方法に関する標準仕様について合意し、会計システム

も含めたシステム間でのシームレスでスムーズなデータ連携を実現するとともに、標準仕様に沿った行政システムの整備や民間の業務ソフト等の普及を支援することにより、中小・小規模事業者も含めた幅広い事業者の負担軽減と社会全体の効率化を促進する必要がある。

　内閣官房は、関係省庁及び民間団体等との総合調整を行うとともに、グローバルな経済活動にも対応できる標準仕様となるよう、必要に応じて国際標準団体との交渉を行う。

　政府調達システムを整備・運用する機関においては、内閣官房と連携し、システムの共同利用化を検討するとともに、インボイス制度が導入される2023年（令和5年）10月までに請求書・領収書データのシステム連携が可能となるよう対応する。

　経済産業省においては、中小・小規模事業者の実態を踏まえ、中小企業共通EDIとの相互接続性の確保のための取組を行うほか、標準化ソフトの導入を促すための環境を整備する。

出典：（政府CIOポータル https://cio.go.jp/sites/default/files/uploads/documents/2020_dg_all.pdf）

1　中小企業共通EDI

1.本制度の背景・狙い

　中小企業の受発注業務では、いまだ電話・FAXが主流であり、電子化していても発注企業がそれぞれ異なるシステムの利用を指定するために、自社の業務システムとのデータ連携が進まない状況にあった。

　このような状況を受け、平成28年度経営力向上・IT基盤整備支援事業（次世代企業間データ連携調査事業）において、業種をまたいだ企業間データ連携基盤の実証事業を行い、その成果を踏まえて、中小企業共通EDI仕様が策定された。同仕様は、特定非営利活動法人ITコーディネータ協会（以下、「ITCA」という。）のホームページで公開されており、実装が可能である。

2.制度の概要

　中小企業共通EDIは、業種をまたいだ企業間でのデータ接続を実現するために、データ接続を担うプロバイダが国連CEFACTに準拠した共通辞書を用いて、中小企業共通EDIに準拠したデータと、そ

れ以外の仕様によるデータを変換している。

　また、中小企業が日常的に利用するITツールやクラウドサービスに中小企業共通EDIへの接続機能を設けることで、中小企業は使い慣れたITツールから電子受発注を行うことが可能となる。上記を実現するためには、プロバイダと業務パッケージソフトが中小企業共通EDI仕様を適切に実装していることが必要になるが、一般の中小企業利用者には、この確認は技術的に難しい。

　このため、ITCAが中小企業共通EDIに準拠し、相互接続性を確認したプロバイダやITツールなどを認証しており、対応製品やサービスの明確化を図っている。

3.活用のメリット

　中小企業共通EDIに準拠した製品・サービスを用いてEDIを導入することで、様々な利点が生じる。FAXなどによる受発注との比較においては、①受発注データを社内システムと連動させることによる効率化・コスト削減、②入力誤りや発注漏れなどの人的ミスの軽減、③保存した取引データの検索による効率化、保存コスト削減などが挙げられる。また、他のEDIと比較すると、異なる業種間でも電子的な受発注が可能となることが期待される。

出典：(『2021年版中小企業白書』中小企業庁)
https://www.chusho.meti.go.jp/pamflet/hakusyo/2021/PDF/chusho.html

2. 電子帳簿保存法の改正

(1) 改正の趣旨

　政府のデジタル化への推進提言を受け、経済社会のデジタル化を踏まえ、経理の電子化による生産性の向上、記帳水準の向上等に資するため、令和3年度税制改正において、電子計算機を使用して作成する国税関係帳簿書類の保存方法等の特例に関する法律（以下、「電子帳簿保存法」）の抜本的な見直しが行われました。

　電子帳簿保存法とは、税法上、原則として紙での保存が義務

付けられている帳簿書類について、一定の要件を満たしたうえで、電磁的記録（電子データ）による保存を可能とすること及び電子的に授受した取引情報の保存義務等を定めた法律です。

　この法律では主に「電子帳簿等保存」「スキャナ保存」「電子取引」の3つに区分されて規定されています。

　令和3年度税制改正ではこの3つの区分すべてにおいて大幅に改正され、令和6年1月1日から新制度が始まることになっています。新制度においては、基本的に簡素化の方向にあるものの電子取引データの保存等においては、一部業務が増加する部分もあるので、留意が必要となってきます。

請求書・領収書等の受領		
・会計ソフト等により電子的に作成した帳簿 ・電子的に作成した国税関係書類	・スキャン・読み取り	・電子メール等により授受 ・ネット上からダウンロード
⬇	⬇	⬇
電子帳簿保存	スキャナ保存	電子取引
電子的に作成した帳簿・書類等をデータのまま保存	紙で受領・作成した書類を画像データで保存	電子的に授受した取引情報をデータで保存

電子帳簿の保存要件の概要

保 存 要 件 概 要	改正前	改正後	
		優良	その他
記載事項の訂正・削除を行った場合には、これらの事実及び内容を確認できる電子計算機処理システムを使用すること	○	○	―
通常の業務処理期間を経過した後に入力を行った場合には、その事実を確認できる電子計算機処理システムを使用すること	○	○	―
電子化した帳簿の記録事項とその帳簿に関連する他の帳簿の記録事項との間において、相互にその関連性を確認できること	○	○	―
システム関係書類等(システム概要書、システム仕様書、操作説明書、事務処理マニュアル等)を備え付けること	○	○	○
保存場所に、電子計算機(パソコン等)、プログラム、ディスプレイ、プリンタ及びこれらの操作マニュアルを備え付け、画面・書面に整然とした形式及び明瞭な状態で速やかに出力できるようにしておくこと	○	○	○
検索要件 ① 取引年月日、勘定科目、取引金額その他のその帳簿の種類に応じた主要な記録項目により検索できること >>>改正後、記録項目は取引年月日、取引金額、取引先に限定	○	○	―
② 日付又は金額の範囲指定により検索できること	○	○※1	―
③ 二つ以上の任意の記録項目を組み合わせた条件により検索できること	○	○※1	―
税務職員による質問検査権に基づく電磁的記録のダウンロードの求めに応じることができるようにしていること	―	―※1	○※2

※1 保存義務者が、税務職員による質問検査権に基づく電磁的記録のダウンロードの求めに応じることができるようにしている場合には、検索要件のうち②、③の要件が不要となります。

※2 "優良"電子帳簿の要件をすべて満たしているときは不要となります。

出典:(『電子帳簿保存法が改正されました』 国税庁)

（2）電子帳簿等保存義務（区分①）に関する改正事項
①税務署長の事前承認制度の廃止

これまで、電子的に作成した国税関係帳簿及び国税関係書類を電磁的記録により保存する場合には、事前に税務署長の承認が必要でしたが、事業者の事務負担を軽減するため、事前承認は不要とされました。

②優良な電子帳簿に係る過少申告加算税の軽減措置の整備

優良な電子帳簿の要件を満たしており、税務署長にあらかじめ届け出をしている保存義務者については、過少申告加算税が5％軽減される措置が整備されました。

③最低限の要件を満たす電子帳簿についても適用可能

正規の簿記の原則（一般には複式簿記）に従って記録される電子帳簿について、電磁的記録による保存等が可能となりました。

④実務への影響

電子帳簿保存の届出書が不要となり、すべての事業者が決算書・総勘定元帳等の電子帳簿をプリントアウトしないで、電子保存することで税務調査対応できることになりました。

特に総勘定元帳は、取引量が多い事業者では、プリントアウトすることが大きな負担になっていたため、経理の効率化を図ることができます。

（3）スキャナ保存（区分②）に関する改正事項
①税務署長の事前承認制度の廃止
②タイムスタンプ要件、検索要件等の要件緩和

㋐タイムスタンプの付与期間が、記録事項の入力期間と同様、最長2ヵ月と概ね7営業日以内とされました。以前は

即時（概ね3営業日以内）とされていました。

㈡受領者等がスキャナで読み取る際の国税関係書類への自署が不要とされました。

㈢タイムスタンプの付与に代えて、電磁的記録について記録又は削除の内容が確認できる又は訂正・削除を行うことができないクラウド等も認められました。

㈣検索要件の記録項目が、取引年月日その他の日付、取引金額及び取引先に限定されるとともに、税務職員による質問検査権により電磁的記録のダウンロードを行うことができる場合には、範囲指定及び項目を組み合わせて条件を設定できる機能が不要になりました。

【令和5年度税制改正大綱】

上記に加えて以下のような要件の緩和措置が講じられました。

a.記録事項の入力を行う者等の情報の保存不要

b.スキャナで読み取った際の情報（解像度、階調、大きさ）の保存不要

c.帳簿との相互関係性を求める書類を契約書、領収書、請求書等の重要書類に限定

③適正事務処理要件の廃止

相互けん制、定期的な検査及び再発防止の社内整備の実施要件が廃止されました。

④重加算税の加重措置

スキャナ保存が行われた国税関係書類に係る電磁的記録に関して、隠蔽し、又は仮装された事実があった場合には、その事実に関して生じた申告漏れ等に課される重加算税が10％加重

電子帳簿保存法の改正について

される措置が整備されました。

⑤実務への影響

　今回の改正でスキャナ保存制度の運用負荷が大きく軽減されることになりました。タイムスタンプ要件などがクリアできればスキャナ保存制度を利用する事業者が増加することになると考えられます。

（４）電子取引（区分③）に関する改正事項

　電子取引には以下のような取引が含まれます。

・電子メールにより請求書や領収書等のデータ（PDFファイル等）
　を受領
・インターネットのホームページからダウンロードした請求書や領
　収書等のデータ（PDFファイル等）又はホームページ上に表示さ
　れる請求書や領収書等のスクリーンショットを利用
・電子請求書や電子領収書の授受に係るクラウドサービスを利用
・クレジットカードの利用明細データ、交通系ＩＣカードによる支
　払データｊ、スマートフォンアプリによる決済データ等を活用し
　たクラウドサービスを利用
・特定の取引に係るＥＤＩシステムを利用
・ペーパレス化されたＦＡＸ機能を持つ複合機を利用

出典：（『電子帳簿保存法一問一答【電子取引関係】』　国税庁）

①タイムスタンプ要件及び検索要件の緩和

　㋐タイムスタンプの付与期間が、記録事項の入力期間と同
　　様、最長2ヵ月と概ね7営業日以内とされました。

　㋑検索要件の記録項目が、取引年月日その他の日付、取引金
　　額及び取引先に限定されるとともに、税務職員による質問
　　検査権により電磁的記録のダウンロードを行うことができ
　　る場合には、範囲指定及び項目を組み合わせて条件を設定

できる機能が不要になりました。

㈦基準期間^{（※）}の売上高が1,000万円以下の場合、税務職員による質問検査権により電磁的記録のダウンロードを行うことができる場合には、検索要件のすべてが不要とされました。

※「基準期間」とは、個人事業者については電子取引が行われた日の属する年の前々年の1月1日から12月31日までの期間をいい、法人については電子取引が行われた日の属する事業年度の前々事業年度をいいます。

【令和5年度税制改正大綱】

a.上記検査要件のすべてを不要とする措置について、対象者は1,000万円から5,000万円に緩和されました（45頁表A参照）。

b.電磁的記録の出力書面（取引年月日その他の日付および取引先ごとに整理されたもの）の提示又は提出の求めに応じることができるようにしている保存義務者についても検索要件不要措置の対象とされました（45頁表B参照）。

②適正な保存を担保する措置としての見直し

㈦電磁的記録の出力書面等の保存をもってその電磁的記録の保存に代わることができる措置が廃止されました。

㈣電子取引の取引情報に係る電磁的記録に関して、隠蔽・仮装された事実があった場合には、申告漏れ等に課される重加算税が10％加重される措置が整備されました。

【令和5年度税制改正大綱】

納税地等の所轄税務署が電磁的記録の保存要件に従って保存をすることができなかったことについて相当の理由があると認め、かつ、保存義務者が下記の2要件を満たしている場合には、

タイムスタンプ要件・検索要件を不要とする新たな猶予措置が講じられました（45頁表C参照）。

　a.質問検査権に基づく当該電磁的記録のダウンロードの求めに応じることができるようにしていること

　b.電磁的記録の出力書面※の提示または提出の求めに応じることができるようにしていること

　※整然とした形式および明瞭な状態で出力されたものに限る。

③実務への影響

　上記②㋐が廃止されたことに伴い、令和6年1月1日以降の電子取引については、原則として保存すべき電子データをプリントアウトして保存・税務調査等対応することが認められなくなります。今後は、保存要件に従った電子データを電子のまま保存することが義務化されます。例えば、いままでインターネット等で物品の購入やサービスの利用を受けたものの請求書や領収書を印刷して保管していたような場合では、改正後はネットショップで購入した際は、ネット上でPDFの領収書を取得し、それを電子データのまま税務上の要件に従って保存しなくてはなりません。電子帳簿保存法での電子取引は強制適用されますのですべての事業者に影響があり、今回の改正において業務負荷が増えることとなるため特に注意が必要です。

スキャナ保存・電子取引の保存対応のまとめ

保存要件	原則	（猶予措置）保存要件を満たせないことに対する相当の理由		
		なし		あり
		売上高5,000万円以下の保存義務者	データ出力した書類を整理している保存義務者	（新猶予措置）
		A	B	C
改ざん防止措置 (タイムスタンプ、取扱規定等)	要	要	要	不要
検索機能の確保	要	不要	不要	不要
出力書面の保存	不要	不要	要	要
ダウンロード対応	不要	要	要	要

出典：（『Q＆A　令和5年度税制改正の留意点』　TKC出版）

3. 電子インボイス

　バックオフィス業務全体のデジタル化、シームレスなデータ連携により生産性向上が実現されることで、社会全体の効率をより向上させるため、2020年7月に「デジタルインボイス推進協議会（EIPA）」が発足しました。EIPAは、令和5年10月のインボイス制度導入を見据え、中小・小規模事業者から大企業まで幅広い事業者が共通的に使える「請求に係るデジタルな仕組み（デジタルインボイス）」の標準仕様の確立を目指しています。そして、共通電子インボイス・システムの構築に向けて、国際標準規格「Peppol（ペポル）」をベースとしてデジタルインボイスの日本標準仕様を策定することを決定

し、令和4年10月28日、ペポルをベースとした日本版の規格「JP PINT」の正式版を公開しました。（https://www.digital.go.jp/policies/electronic_invoice/）

　事業者のバックオフィス業務は、デジタル化が不十分なだけでなく、デジタルとアナログの世界を行き来する中途半端な状態となっており、そのことが効率化・生産性の向上の妨げとなっているといわれています。EIPAはそのような状態を解消するため、紙を前提とした業務プロセスを「電子化」（Digitization)するだけでは十分ではなく、その業務プロセス自体をデジタル前提に見直す「デジタル化」（Digitalization)が不可欠と考えています。デジタルインボイスの利活用等により、請求から支払、さらにはその後のプロセスである入金消込といった会計・税務の業務についても、デジタルデータでつながり、事業者のバックオフィス業務全体が効率化するだけではなく、その結果として新しい価値やベネフィットも期待できます。さらには、請求に係るプロセスのデジタル化により、その前のプロセスである契約・受発注といったプロセスのデジタル化も促され、「取引全体のデジタル化」が進むことも期待されています。

　インボイスのデジタル化については、インボイスの作成や送受信を自動化するシステムを自治体が開発するようなケースもでてきています。インボイス制度が始まると中小事業者は受発注業務のデジタル化が有効となりますが、中小事業者にとってそのためのシステム投資は重い負担となります。そこで岐阜県は県内の金融機関やシステム会社と協力して企業間の受発注に使われる既存のＥＤＩ（電子受発注）システムを活かした「Ｅ

ＤＩデータ連携基盤システム」の開発を企画予定しています。

　このシステムの特徴は、金融機関のインターネットバンキングシステムを介してデジタルインボイスのやり取りを行う点です。全銀ＥＤＩシステム（ＺＥＤＩ）を介して県のＥＤＩ取引データと連携することで自動振込、デジタルインボイスの自動作成・保存が可能になります。

　自治体以外でも、見積りから請求・支払いまで一気にデジタル化できるペポルに対応した会計システムも開発されることが予定されており、これまで手作業で何回も同じデータを入力していた管理業務が大幅に効率化されることが見込まれています。

　今後、中小事業者は、電子帳簿保存法の改正、インボイス制度の導入を契機として、業務プロセス全体をデジタル化の視点で見直していくことが求められるのではないでしょうか。

電子帳簿保存法の改正について

≪筆者紹介≫

山本 真嗣（やまもと　しんじ）

税理士法人プライスウォーターハウスクーパースにおいて、国内外の企業・個人に対する税務申告作成支援を行った後、有限責任監査法人トーマツでは、主に中堅企業の上場監査・上場申請をサポート。現在、武蔵小杉において税務会計サービスを提供する山本公認会計士事務所代表を務める。数字を通して、身近にある衣食住を支える企業・個人を元気にすることをモットーとしている。公認会計士・税理士。

連載中：「農業協同組合経営実務」（全国共同出版）税務・会計相談コーナー
電子メール：info@spc-tax.com

JA・農業者のための
インボイス制度対応ガイド

2023年5月1日　第1版　第1刷発行
2023年6月1日　第1版　第2刷発行

著　者　山本真嗣

発行者　尾中隆夫

発行所　全国共同出版株式会社
　　　　　〒161-0011 東京都新宿区若葉1-10-32
　　　　　TEL. 03-3359-4811　FAX. 03-3358-6174

印刷・製本　株式会社アレックス